科学のアルバム
かがやく いのち

ゴーヤ

―― ツルレイシの成長(せいちょう) ――

亀田龍吉

監修／白岩 等

あかね書房

かがやくいのち ゴーヤ ツルレイシの成長 もくじ

第1章 たねから芽が出て… — 4

- たねが育ちはじめた —— 6
- 地面に顔を出したのは…… —— 8
- ふた葉のつぎの葉が開く —— 10
- 葉と茎のはたらき —— 12
- からみつく巻きひげ —— 14
- つぼみができた —— 16
- 雄花と雌花 —— 18

第2章 花にくる虫たち —— 20

- ゴーヤの花に虫が来るわけ —— 22
- ほかにもある花粉のはこび役 —— 24
- ゴーヤの花に来る虫 —— 26
- 葉や茎に来る虫 —— 28
- ゴーヤの上やまわりでかりをする虫 —— 30
- ゴーヤの敵と人間とのたたかい —— 31

第3章 花がかれて実がなる — 32

- 花がかれたあとは —— 34
- 育ってゆく実 —— 36
- 実の中ではたねが…… —— 38
- 大きくなった実 —— 40
- すっかりじゅくした実 —— 42
- 地面に落ちたたねはどうなる? —— 44
- 土の中で春をまつたね —— 46

みてみよう・やってみよう —— 48

- ゴーヤを育てよう❶ たねをまこう ———— 48
- ゴーヤを育てよう❷ なえを植えかえよう — 50
- ゴーヤを育てよう❸ 大きく育てよう ———— 52
- ゴーヤを育てよう❹ 実を収穫しよう ———— 54
- ゴーヤを育てよう❺ たねをとろう ———— 56
- ゴーヤをたべてみよう ———————— 58

かがやくいのち図鑑 —— 60

- ウリのなかまの野菜 ———————— 60

さくいん ———————————————— 62
この本で使っていることばの意味 ———— 63

亀田龍吉

自然写真家。1953年、千葉県館山市生まれ。東海大学文学部史学科卒業。人間もふくめたすべての自然のかかわりあいに興味をもち、「庭先から大自然まで」をモットーに撮影をつづけている。おもな著書に、『バードウォッチングを楽しむ本』（学習研究社）、『フィールドガイド・都会の生物』『花と葉で見わける野草』（小学館）、『香りの植物』『ヤマケイポケットガイド・ハーブ』『森の休日・調べて楽しむ葉っぱ博物館』『町の休日・歩いて楽しむ街路樹の散歩道』（山と溪谷社）、『ここにいるよ』（世界文化社）などがある。

●

ゴーヤはじょうぶな植物です。夏季ならだれにでも育てられますから、みなさんもぜひ育ててみてください。そして、みのった実をお母さんやお父さんといっしょに料理して、たべてみてください。自分で育てたゴーヤのにがさは、きっとおいしく感じられると思います。育てながら五感をすべて使って観察してみると、1つのたねから育ったゴーヤが、いろいろな生き物とともに生きていることが実感できます。こんな経験をすることが、生物多様性をはじめ、自然のしくみをほんとうの意味で理解するきっかけになっていくのだと思います。

白岩　等

筑波大学附属小学校教諭。1960年生まれ。横浜国立大学教育学部理科教育学科卒業。専門は理科教育学。現在、筑波大学附属小学校での理科教育をおこないながら、小学校理科、生活科の教科書編集委員、NHK理科教育番組編成協力委員、日本初等理科教育研究会の副理事長、雑誌『初等理科教育』の編集委員などをつとめている。理科教育に関する著書および論文、動物・植物などをあつかった児童向け書籍（監修や執筆指導を担当）が多数ある。

●

育てたことはなくても、みなさんも一度や二度はゴーヤを食べたことがあるのではないでしょうか。「ちょっとにがい」と思った人も多いでしょう。日本では沖縄や九州などで、昔からゴーヤを育ててきました。ゴーヤは、あまり寒い地域でなければ、比較的かんたんに育てることができます。実にはいぼいぼがあり、ごつごつしているのが特徴です。ゴーヤを育てると、この実ができるまでに、ゴーヤのいろいろなすがた（葉の形、つる、巻きひげ、雄花、雌花など）をみることができます。自分でたねをまき、ゴーヤの一生を観察してみましょう。どんな発見があるかな？

■ みのったゴーヤの実。日本では古くから、九州や沖縄などで野菜として育て、たべてきました。ゴーヤはもともと沖縄でのよび名で、九州や本州ではニガウリとよんでいました。

第1章 たねから芽が出て…

　いぼいぼのあるヘチマのような実が、たくさんなっています。ゴーヤ(ツルレイシ)の実です。ゴーヤは、ウリのなかまで、もともとはインドや東南アジアなどの暑い国の植物です。たくさんの実がなっていますが、もともとは、たった1つのたねから芽が出て育ち、花がさいて、実がなるのです。ゴーヤがたねから育っていくようすを、みてみましょう。

▲土にまかれたゴーヤのたね。長さ1cmほどしかないたねから育ち、20本以上の実がなります。

● ゴーヤのたねがわれて、われたところから、根が出てきました。

● 主根は根もとの近くで枝分かれして、側根を出します。

たねが育ちはじめた

　春にまかれたゴーヤのたねは、まわりの土の温度が25℃くらいになると、育ちはじめます。たねの中には、根や茎などのもとや栄養分が用意されています。土の中で水をすうと、たねの中の栄養分を使って、根が育ちはじめるのです。

　何日かたつと、たねのからがわれて、白い根が出てきました。根はいくつか枝分かれをしながら、下へ下へとのびていきます。もとになる太い根を主根、枝分かれした根を側根といいます。主根は土の中を下へ、側根はななめ下へむかってのびていき、地面の上にのびる茎や葉などの部分をささえ、雨や風でかんたんにぬけないようにするやくめをします。

　主根と側根の表面からは、細くてやわらかな毛のようなもの（根毛）がのびていきます。根毛は土のつぶとつぶのあいだに入りこみ、その中にある水と養分をすいとるはたらきをします。

● 主根は下へ、側根はななめ下へのびながら、太くなっていきます。主根からは、たくさんの根毛が出ています。

地面に顔を出したのは……

　土の中にしっかりと根をはったゴーヤは、つぎに茎（胚軸）をのばしはじめます。茎は根とは反対に上にむかってのびていきます。

　茎がのびるにつれて、たねがひき上げられ、土の上に顔を出してきました。そして、たねのからをつけたさいしょの葉（子葉）がすがたをあらわしました。出たばかりの葉は、色がまだ白っぽく、2まいの葉が手を合わせるような形でくっついています。葉が2まいで1組になっているので、ふた葉ともいいます。

△地面から出てきた茎とふた葉。まだ、たねのからが上側についています。

●開きはじめたふた葉。ゴーヤは、ふた葉がひらくときには、その中ですでに、つぎに開く葉（初生葉）がかなりできあがっています。

■ 開いたふた葉（矢印）。ふた葉は、ふちにぎざぎざがなく、だ円形に近い形をしています。

ふた葉のつぎの葉が開く

　半日ほどすると、茎がしっかりして、ふた葉が左右に開きました。葉の色もこくなり、きれいな緑色になっています。開いたふた葉のあいだからは、細い茎がのび、その先にはつぎに開く小さな葉ができています。
　この葉は初生葉とよばれるもので、2まいあり、ふた葉とは形がちがいます。

　ゴーヤの初生葉は上からみると、ふた葉から90度回転した位置についています。
　初生葉は、太陽の光をいっぱいに受け、根からすいあげた水と、葉からすった空気（二酸化炭素）を使い、葉の中に栄養分（でんぷんなど）をつくっていきます。そして、この栄養分を使って、つぎに開く葉（本葉）が大きくなっていくのです。

■開いた初生葉（矢印）。ヘチマやアサガオなどでは、ふた葉のつぎには本葉が開きますが、ゴーヤではふた葉は大きくならず、ふた葉の栄養分を使って初生葉が開いて大きくなります。初生葉は、ふた葉のかわりに栄養分をつくりだし、本葉を成長させます。

● 初生葉（水色の矢印）からのびた茎に、本葉（ピンク色の矢印）が何まいかつきました。ふた葉（黄色の矢印）と初生葉、本葉の形のちがいがよくわかります。

葉と茎のはたらき

　初生葉のあいだにできた芽は、細い茎（つる）になってのびていきます。のびたつるのとちゅうから柄が出て、その先に本葉が1まいずつ開いていきます。
　本葉は手を広げたような形で、ふちがぎざぎざで、ふかい切れこみがあります。本葉の数がふえていくにつれて、ふた葉はだんだんしおれて黄色くなり、ついにはしおれてしまいます。
　初生葉と本葉は、ふた葉と同じように太陽の光をあび、そのエネルギーを使って栄養分をたくさんつくっていきます。つくられた栄養分は、茎の中を通っている師管という細いくだを通り、体全体に

はこばれ、成長するために使われます。
　茎には、師管のほかに、道管というくだも通っています。道管は、根からすいあげた水と養分を、体全体にはこぶためのくだです。師管と道管は、茎の中であつまって、いくつかのたばのようなかたまり（維管束）になっています。

▲ゴーヤの茎の断面。大きなあながみえる部分（黄色の矢印）が道管、とても小さなつぶのようにみえる部分（水色の矢印）が師管です。

■ のばした巻きひげの先がネットにふれると、そのしげきで、ネットにふれている部分の反対側の成長が早まり、ネットに巻きつくように巻きひげがのびていきます。

からみつく巻きひげ

本葉の数がふえて、つるが長くなってくると、葉の柄のつけねのあたりから、巻きひげがのびてきました。巻きひげは、先端が円をえがくようにのび、ものにふれると、そこに巻きつきました。巻きついたあとは、とちゅうからねじれて、ばねのようになります。ゴーヤのつるは細いので、長くのびるとたおれてしまいます。そのため、巻きひげでものにつかまり、体をささえているのです。

▲巻きひげは、葉の柄のつけねの下の部分からのびています。ものにしっかり巻きついて、体をささえます。

▲支柱にまきついた巻きひげ。しっかりと巻きつくと、巻きついたもののそばから、巻きひげがねじれはじめます。

▲つけねの方にむかってねじれていって、とちゅうの所（矢印）で、ねじれるむきが反対になります。

巻きひげののびちぢみ

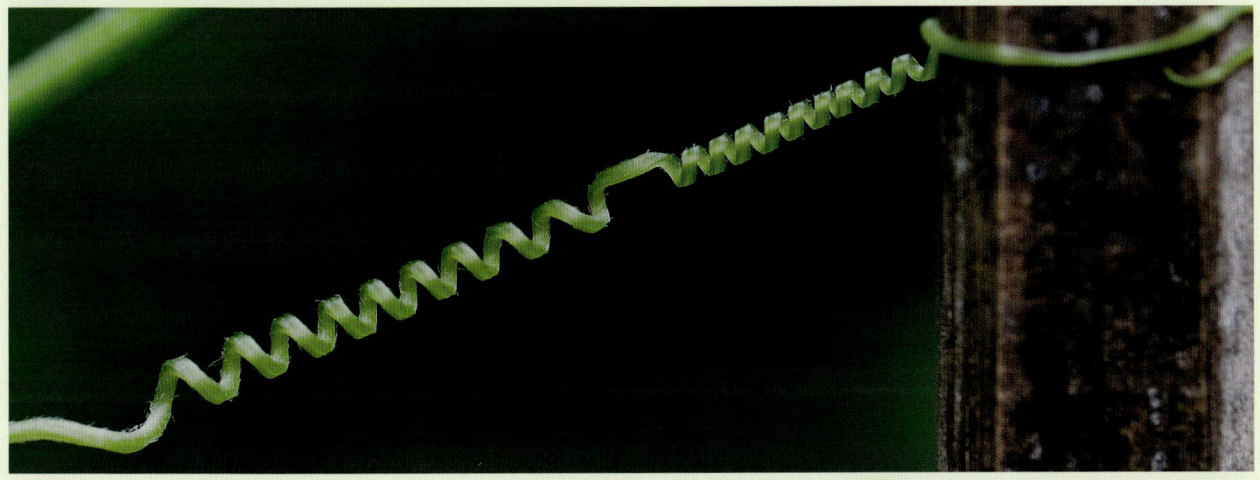

▲風にあおられて茎や葉が動くと、巻きひげはひっぱられたばねのようにのびて、そのしょうげきをやわらげます。

▶風がやむと、のびていた巻きひげはちぢんで、茎や葉をもとの位置にひきもどします。

● ゴーヤの雄花のつぼみ。つぼみは初め、たく葉という小さな葉にくるまれるような形になっています。

つぼみができた

気温が暖かくなっていくにつれ、ゴーヤはどんどん成長していきます。もとのつる（親づる）から枝分かれして子づるができ、子づるからさらにたくさんの孫づるが出て、それぞれのつるから葉がたくさん出て、しげってきました。

あちこちの葉のつけねに、まるまった葉（たく葉）にくるまった丸いものがあります。これがゴーヤの花のつぼみです。よくみると、形のちがう2種類のつぼみがあります。

片方は、つぼみのつけねにある柄の部分がみじかめで、すこし太くなっています。その部分がだんだん太くなって、小さなキュウリのような形になっていき、その先のつぼみがひらいて花がさきます。この花を雌花といいます。これにくらべ、もう片方は柄が細長く、成長しても太くはならず、つぼみがひらいて花がさきます。この花を雄花といいます。

▲ 雌花のつぼみ。つぼみのつけねが、少し太くなっています。つぼみの形は、先がずんぐりと丸くなっています。

▲ 開いた雌花。つぼみのつけねがふくらみ、小さなキュウリの実のような形になっています。

▲ 雄花のつぼみ。つぼみのつけねの柄は細長く、つぼみの形は先が少しとがっています。

▲ 開いた雄花。雄花の柄は、先の方でまがって、上むきに花をさかせます。

■ ゴーヤの雌花。花びらをいっぱいに開いた状態でさきます。雄花よりもおくれてさき、数も雄花よりずっと少ないです。花の直径は、1.5〜2cmほどで、雄花（円内）よりひとまわり小さめです。雄花は雌花にくらべ、やや花びらをすぼめてさきます。

雄花と雌花

　雄花と雌花をくらべてみると、花のつけねの部分のほかにも、ちがいがあることがわかります。

　さき方は、雄花が花びらをすこしすぼめた状態でさくのに対し、雌花は花びらをいっぱいに広げてさきます。

　また、雄花のまん中には、たくさんのオレンジ色の粉がついたかたまりがあります。これをおしべといいます。オレンジ色の粉は花粉といい、おしべの先でつくられます。

　これに対して、雌花のまん中には、先が分かれたうす緑色のでっぱりがあります。花がひらいたときには、ここには粉はついていません。これをめしべといいます。

　おしべとめしべは、植物のたねができるために、たいせつなはたらきをします。花がさき、おしべでつくられた花粉がはこばれ、めしべにくっつくことで、実が大きくなり、たねができるのです。

◁ めしべ。ふたまたに分かれた柱頭が3組あり、先がべたべたしています。花粉がめしべにつきやすくなっています。

△ おしべ。先についている「やく」という部分（なみうつような形になっています）。たくさんの花粉を出します。

雄花　雌花

△ 雄花は花のつけねが小さく、たく葉から先の柄が、雌花にくらべ長くなっています。花の柄は、葉の柄と巻きひげが出ているあたりから出ます。

アサガオとくらべてみよう

アサガオの花は、雄花と雌花のちがいはなく、どの花も同じ形をしています。1つの花の中に、めしべとおしべの両方がそなわっています。このような花を、両性花といいます。サクラのなかまやアブラナのなかま、ユリのなかまなどのほか、多くの植物が両性花をさかせます。

これに対して、ゴーヤは、おしべは雄花に、めしべは雌花にしかありません。このような花は単性花といいます。ゴーヤやヘチマなどのウリのなかまや、ヤナギのなかま、クリなどのなかまは単性花をさかせます。

また、カキのように、雄花と雌花のほかに、おしべとめしべの両方がある両性花がさく植物もあります。

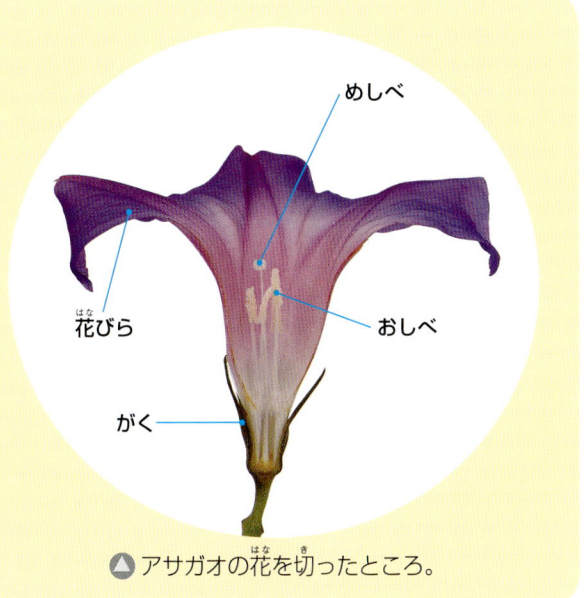

△ アサガオの花を切ったところ。

第2章 花にくる虫たち

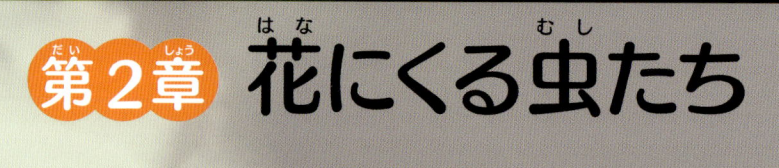

　夏のはじめ、ゴーヤの緑の葉がしげり、葉のあいだから、かわいらしい黄色い花がたくさん顔をみせています。そして、花にはチョウやハチなど、いろいろな虫たちがつぎつぎにやってきています。花からみつをすうものや、花粉をたべるもの、なかには葉をたべたり、茎からしるをすうものなど、ゴーヤにとってはありがたくない虫もいます。でも、ゴーヤにとって虫たちは、なくてはならないものなのです。

■ ゴーヤの雄花でみつをすっているスジグロシロチョウ。
花から花へと、とびまわり、みつをすっていきます。

ゴーヤの花に虫が来るわけ

　ゴーヤの花には、チョウやハチがよくとんできます。これらの虫たちは、おしべやめしべのつけねから出るみつをすいにやってくるのです。

　ゴーヤがみつを出すのは、花に虫をよぶためです。なぜこんなことをするかというと、花粉をはこんでもらうためなのです。ゴーヤの実がなるためには、おしべでつくられた花粉がめしべの先（柱頭）につく（受粉する）ことがかかせません。ゴーヤの花は単性花なので、何かしらの方法で、おしべからめしべに花粉がはこばれなくてはならないのです。

　ゴーヤの花粉のはこび役は、チョウやハチがしています。これらの虫が雄花でみつをすうとき、体に花粉がつきます。あとで雌花へとんでいったとき、その花粉がめしべにつくというしくみなのです。

■ ゴーヤの雄花でみつをすっている、ヤマトシジミ。みつをすおうとしておしべに体がふれると、体にはえているたくさんの毛に花粉がくっつきます。

● ゴーヤの雌花でみつをすっているヤマトシジミ。体についている花粉は、べたべたしためしべにふれたときにつきます。円内の写真は、虫がはこんできた花粉がついているめしべです。花粉がついたあとは、雌花の花びらはしおれていきます。

■ 花粉をとばすクロマツ。たくさんの細かい花粉が、風でまいあがり、けむりのようにみえます。

ほかにもある花粉のはこび役

　虫に花粉をはこんでもらう花はとてもたくさんありますが、はこび役をほかのものにしている植物もあります。マツやスギなどの針葉樹や、トウモロコシやイネなどのなかまは、風がはこび役です。とてもつぶの細かい花粉を、風にのせてとばし、雌花まではこんでもらうのです。これらの花ははこび役をよびよせる必要がないので、花びらがめだたない色だったり、花びらがなかったりします。

　また、ツバキやウメのように、虫のほかにメジロやヒヨドリなどの鳥をはこび役にしている花もあります。さらにバイカモやセキショウモ、クロモなどの水草では、水の流れに花粉をのせ、雌花まではこんでもらう花さえあります。

🔺バイカモ。水中から花茎をのばし、ウメににた花を水面や水中にさかせます。花粉は水面にういて、雌花へとはこばれます。

◀ツバキの花粉をくちばしにつけているヒヨドリ。ウメやツバキなどの花は、花粉は虫だけでなく、鳥によってもはこばれます。外国では、サルビアのなかまなどのように、おもに鳥によって花粉がはこばれる花もあります。

ゴーヤの花に来る虫

　ゴーヤの花には、みつをすったり、花粉をたべに、中型や小型のチョウや、ミツバチなどのハナバチのなかま、ハナアブのなかまなどが来ます。これらの虫には、花粉をはこぶ役をするものがたくさんいます。

　また、アリのなかまのように、花粉をはこぶ役はしませんが、葉や花びらをたべる虫をおいはらう役をしているものもいます。そのために、ゴーヤは、葉や巻きひげのねもとからもみつを出しています。

▲みつをすいに来たシロオビノメイガ。昼にとびまわるガです。

▲花の上にいるヒメアリのなかま。花のみつだけでなく、葉や巻きひげのつけねから出るみつもたべます。

▲おしべの花粉をあつめるハナバチのなかま。いろいろなハチが、みつをすったり花粉をあつめるためにやってきます。

◼ みつをすうホシヒメホウジャク。ハチににたすがたのガです。モンシロチョウやキチョウ、ヤマトシジミやベニシジミなどのチョウも、よく来ます。

🔺 雄花のみつをすっているマルハナバチのなかま。ミツバチのように花粉もあつめます。

🔺 花粉をたべるホソヒラタアブ。ハナアブのなかまは、花粉をこのんでたべます。

葉や茎に来る虫

ゴーヤの葉や茎には、葉をたべるバッタのなかまやハムシやコガネムシのなかま、チョウやガの幼虫などが来ます。ただ、ゴーヤの葉や茎には、チョウやガの幼虫やハムシがきらう成分がふくまれているらしく、ほかの植物にくらべて、チョウやガの幼虫やハムシの数は少なめです。また、葉や茎からしるをすうカメムシのなかまやヨコバイのなかま、アブラムシのなかまなどのすがたもみられます。

▲オンブバッタの幼虫。ゴーヤの葉をかじってたべます。6月ごろからあらわれます。

▲マメハモグリバエの幼虫。幼虫はウリのなかまや、トマトなどの葉の中をたべて進み、白いすじがあとにのこります。

▲ ハスモンヨトウの幼虫。ガの幼虫で、夏から秋にゴーヤの葉や実をくいあらします。

▲ ウリハムシの成虫。ウリのなかまの葉をたべるハムシです。幼虫は土の中にすみ、根をくいあらします。

▲ マメコガネの成虫。ダイズやクヌギなどの葉をよくたべますが、ゴーヤの葉もたべます。

▲ ベッコウハゴロモの成虫。マメやウリのなかまの茎や葉に針のような口をつきさし、しるをすいます。

▲ ツマグロオオヨコバイの成虫。幼虫も成虫もいろいろな植物の茎や葉に針のような口をつきさし、しるをすいます。

▲ ホオズキカメムシの成虫。ゴーヤのほか、ナスやトマト、ホオズキなどの茎や葉のしるをすいます。

ゴーヤの上やまわりでかりをする虫

ゴーヤのみつや花粉、葉や茎などをたべに来る虫のほかにも、しげったゴーヤの葉のうらで休んでいる虫もいます。暑い夏には、しげったゴーヤの葉のうら側は、とてもすずしい葉かげになります。

いろいろな虫が来るので、その虫をつかまえてたべる虫も、ゴーヤの上や、まわりでみられます。花や葉、茎の上には、じっと動かず、えものをまっているカマキリのなかまやクモのなかまがいます。また、チョウやガの幼虫をつかまえに、アシナガバチやスズメバチもとんできます。とんでくる虫をつかまえようと、ゴーヤのまわりにはトンボもみられます。

▲フタモンアシナガバチ。チョウやガの幼虫をとらえて肉だんごにして、幼虫にあたえます。

▲オオカマキリ。葉の上などでじっと動かず、チョウやバッタなどのえものをまちぶせします。

▲シオカラトンボのオス。ゴーヤのまわりにあるくいなどにとまって、とんでくる虫をまち、つかまえます。

▲ゴーヤの葉の上でえものが来るのをまっているワカバグモ。体の色が葉とにているので、めだちません。

ゴーヤの敵と人間とのたたかい

　ゴーヤは、古くから沖縄や、九州を中心とした西日本で育てられてきました。いまでは、日本各地でたべるようになりましたが、そうなったのは1990年代のなかば、沖縄でとれたゴーヤを全国に出荷できるようになってからです。そのうらには、人間と虫とのたたかいがありました。

　それまで沖縄には、ゴーヤをはじめ、キュウリやカボチャ、メロンなどの実に被害をあたえるウリミバエというハエがいました。ウリミバエは、20世紀初めに台湾から沖縄に入ってきた害虫で、ゴーヤの実などに卵を産みつけ、ふ化した幼虫が実を中からたべて育ちます。九州や四国、本州にこのハエが入ってこないよう、沖縄でできたゴーヤは、日本のそのほかの地域に出荷できないようになっていました。

　このウリミバエの被害を日本からなくすため、1975年から、大作戦がはじまりました。その方法は、放射線をあてて子をつくれないようにしたウリミバエのオスをたくさん育て、自然の中に放つというものでした。このオスと交尾したメスは卵が育たないので、子の数をへらすことができるのです。

　それから20年ほどかけ、全部で530億ひき以上のウリミバエのオスが放たれ、やっとウリミバエは日本からいなくなりました。そして、沖縄産のゴーヤが全国に出荷されるようになり、いまのように多くの人たちがたべるようになったのです。

△キュウリの実に産みつけられた卵。長さ1mmほどです。

◁ウリミバエの成虫。体長1cmほどの小さなハエです。

△ウリミバエの幼虫。2回脱皮したあとに実から外に出て、土にもぐってさなぎになります。

△メロンの実の中のウリミバエの幼虫。実を中からたべ、くさらせてしまったりします。

第3章 花がかれて実がなる

　夏になってゴーヤの花の数がふえてくると、かれてしぼんだ花のつけねが、だんだん大きくなってきます。夏の日ざしをいっぱいにうけて、実はどんどん大きくなっていきます。そして、大きく育った緑色のゴーヤの実が、しげった葉の下にたれ下がるようになります。そして、実はだんだん黄色くなっていき、すっかりじゅくすと、実の中のたねができあがるのです。

■かれてしぼんだゴーヤの雌花。花のつけねには、小さな実ができてきています。

めしべに花粉がつき、花びらがしぼんで落ちた雌花。雄花（円内）は、さいたまま、つけねから地面に落ちます。

花がかれたあとは

　ゴーヤの雄花がさきはじめて2週間ほどたつと、雌花がいくつかさきはじめます。雄花はさいて半日ほどで、さいたままがくごと落ちてしまいますが、雌花は何日かさきつづけます。雌花は花びらがしぼんで落ち、がくが柄の先についてのこっています。

　雌花は、めしべに花粉がつく（受粉する）としぼみます。そして、受粉した雌花のつけねにある小さな実のような部分の中では、たねが育ちはじめるのです。たくさんのたねが育ちはじめた実は、大きくなっていきます。でも、花粉がつかなかった花や、花粉管と胚珠のむすびつく数が少なかった花では、実は大きくならず、しぼんでしまいます。

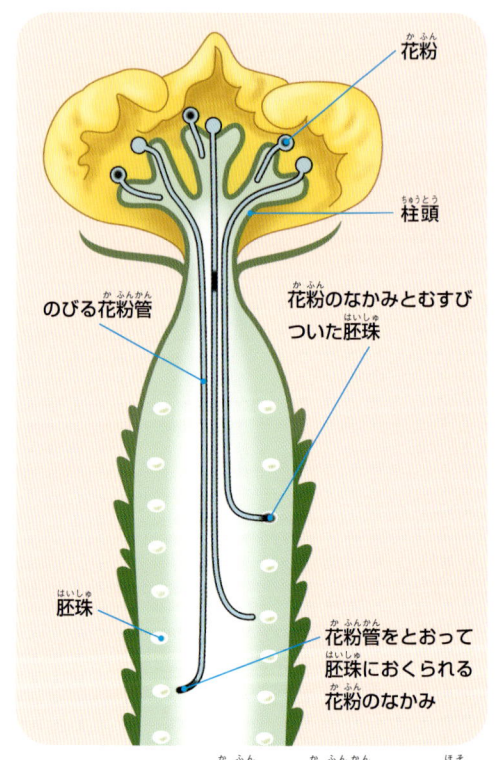

めしべについた花粉は、花粉管という細いくだをのばします。花粉管がたねのもと（胚珠）にとどき、花粉のなかみと胚珠がむすびつくと、たねが育ちはじめます。

🔺花びらがすっかりしぼんで、小さな実の先にのこっています。実の中では、たねが育ちはじめています。

🔺少し大きくなったゴーヤの実。葉が太陽の光を受けてつくりだす栄養分を使って、実が大きく育っていきます。

育ってゆく実

　花がさいてから2週間から3週間くらいのあいだに、ゴーヤの実はどんどん大きくなっていきます。夏の暑さが大好きな植物なので、この時期はもっとも成長が速くなります。種類にもよりますが、はじめは長さ5センチメートルもなかった実は、成長すると20センチメートル以上になり、太さも5センチメートルをこえるまでになります。

　ここまで大きくなれば、もう収穫する時期です。ゴーヤの実は、わかくて小さいときには、とてもにがくて、たべるのにはむきません。でも、育って大きくなると、にがみがやわらいで、たべやすく、おいしくなります。また、実の色が緑色から黄色くかわってくると、あじがおちてしまいます。そのままにすると、ほかの実の成長もわるくなってしまいます。

▲ 育ってきたゴーヤの実。長さが7～8cmほどにまでのびてきました。

▲ 長さ10cm以上になり、太さもましてきました。しおれた花びらは落ち、がく（矢印）の部分だけがのこっています。

■ りっぱに育ったゴーヤの実。もうすぐ、たべごろになります。

◁ ゴーヤの実を横に切ったところ。外側のかわと、その内側にあるうす緑色の部分（果肉）をたべます。

▽ たべごろになったゴーヤの実。ほぼ実物と同じ大きさです。かわの緑色がこくなり、いぼいぼがふくらんだころが、たべごろのめやすです。

▷ ゴーヤの実をたてに切ったもの。たねのまわりにある白くてわたのような部分（胎座）とたねをつつむかわ（種衣）がよくわかります。

胎座
種衣
たね

実の中ではたねが……

　実が大きくなっていくのにあわせて、実の中ではたねがつくられ、育っていきます。実が小さいうちは、たねも小さく、まだ白くてやわらかです。

　実がたべごろになるころには、実の外側にある果肉の部分はあつくなり、その内側の部分は白いわたのようになります。たねは、ふかふかしたクリーム色のかわにつつまれています。このかわをむくと、茶色いからをもつ、ややかたくなったたねがあらわれます。1つのゴーヤの実には、25こから40こくらいのたねがあります。

　でも、この状態では、まだたねはじゅくしていないので、このたねをとって土にまいても、芽は出ません。

🔺 育っていくゴーヤの実をたてに切ったもの。
実が小さいうちは、たねはめだちません。

🔺 たべごろになったゴーヤの実をたてに切ったもの。

■ じゅうぶんに大きくなったゴーヤの実。緑色がこくなり、いぼもふくらんでいます。

大きくなった実

　大きく育ったゴーヤの実は、しばらくすると、下の方から黄色くなってきます。実はどんどん黄色くなっていき、1日くらいで、ほとんど緑色の部分がなくなってしまいます。実がじゅくしていき、たねが完成されていくのです。

　くだものなどは、じゅくした方があまくおいしくなっていきますが、ゴーヤは黄色くなりはじめるとあじが落ちはじめ、完全にじゅくすころは、果肉の部分がくずれるくらいやわらかくなり、まったくおいしくなくなってしまいます。ですから、たべるときは、黄色くなりはじめる前に実を収穫します。

　でも、たねをとって、つぎの年に植えたいときには、実がじゅうぶんにじゅくし、たねが完成するまで、育てる必要があります。

▲下の方から黄色くなりはじめたゴーヤの実。上にむかって、どんどん黄色くなっていきます。

▲ほとんど黄色くなったゴーヤの実。緑色の部分がなくなると、さらに黄色がこくなって、オレンジ色になっていきます。

■ 夏のおわりごろのゴーヤ。根元から4m以上もつるをのばし、たくさんの葉をしげらせています。

すっかりじゅくした実

　夏のおわりごろ、巻きひげをネットにからませてのびたゴーヤは、地面から2階までのびて、いっぱいに葉をしげらせています。そして、ところどころに、収穫しそこなった実がぶら下がっています。実はすっかりじゅくして、オレンジ色になっています。

　ゴーヤの実はじゅくすと、あつい果肉の部分がだんだんやわらかくなっていき、ついには先がはれつするようにさけたり、とちゅうからくずれ落ちたりします。すると、実の中から赤いつぶが出てきて、地面に落ちます。

　この赤いつぶは、じゅくしたゴーヤのたねです。ゼリーのようにぷるぷるした、まっ赤な種衣にくるまれているのです。実の中をみると、白かった胎座は、ほとんどなくなっています。

◀ じゅくしたゴーヤの実。緑の葉のあいだにぶら下がっているので、オレンジ色の実はとてもよくめだちます。

▼ じゅくしたゴーヤの実をたてに切ったもの。赤い種衣につつまれたたねが、たくさんみえます。

◀ 先がさけたゴーヤの実。中から種衣にくるまれたたねが落ちたり、さけた果肉ごとくずれて落ちたりします。

🔺下半分がくずれて落ちたあとのゴーヤの実。

地面に落ちたたねはどうなる?

　ある日、すっかりじゅくしたゴーヤの実が、まん中あたりからくずれ、地面に落ちました。地面には、落ちてくだけた果肉と、赤い種衣につつまれたたねがちらばっています。

　しばらくすると、アリやダンゴムシがあつまってきました。果肉や赤い種衣をたべているようです。じゅくしたゴーヤの果肉はにがさがなくなるので、野菜としてはあまりたべません。でも、虫たちにはおいしい食べ物のようです。じつは、たねをつつんでいる赤い種衣は、人間がたべても、とてもあまくておいしいのです。ですから、果肉や種衣は1日もたたないうちに、すっかりたべられてしまい、あとにはたねだけがのこります。

▲ 地面にちらばるゴーヤの果肉と、種衣につつまれたたね。

◀ 地面にちらばる果肉と種衣にやってきたダンゴムシ。あまい種衣は、すでにすっかりたべられてしまっています。

土の中で春をまつたね

　秋になり、すずしくなってくると、葉をしげらせていたゴーヤもだんだん元気がなくなり、最後までのこっていた実も、じゅくして地面に落ちました。葉が黄色くなり、しおれ、ゴーヤはやがてかれてしまいます。

　でも、ゴーヤのいのちは、たねにひきつがれ、つづいていきます。地面に落ちたたねは、雨や風によって土をかぶります。そして冬がすぎ、春がきてまた暖かくなると、新しい芽を出すのです。

■ 地面に落ちているゴーヤのたね。

みてみよう やってみよう

ゴーヤを育てよう❶ たねをまこう

▲沖縄の家の石がきにはってのびているゴーヤ。沖縄では、500年以上も前からゴーヤを栽培してきました。

　ゴーヤは、もともとはインドや東南アジアなどの国々の植物です。暖かな場所では一年中、かんたんに育てられるので、日本でも沖縄や九州などでは、昔から栽培し、たべてきました。最近では、本州でもさかんに栽培するようになっています。

　あまり寒い地域でなければ、庭や花だんのほか、プランターに植えても栽培できます。育て方もむずかしくなく、実やたねをとるまで育てられます。

　ゴーヤを育てて、つるや巻きひげののび方、葉や花の形、実の育ち方などを観察してみましょう。なえから育てるのがかんたんですが、たねから育てると、一生を観察することができます。

たねのまき方

園芸店などでゴーヤのたねを買って、まいてみましょう。土の温度が25℃以上にならないと、芽が出ません。サクラ（ソメイヨシノ）の花がちるころが、たねまきの時期のめやすです。

ゴーヤのたね

30℃くらいのぬるま湯

①たねが固いので、なかなか水をすいません。とがった方をはさみで少し切りとり、ぬるま湯に2時間くらいつけてから、まきます。

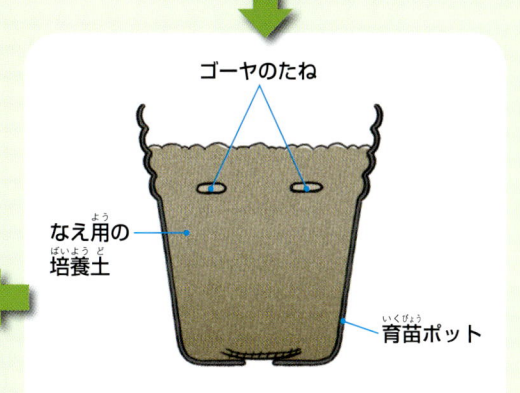

発泡スチロールのはこ

ビニール

ひもなどでとめる。

ゴーヤのたね

なえ用の培養土

育苗ポット

②育苗ポットになえ用の培養土を入れて、1〜2cmの深さに、ゴーヤのたねを2つまき、水をたっぷりやります。

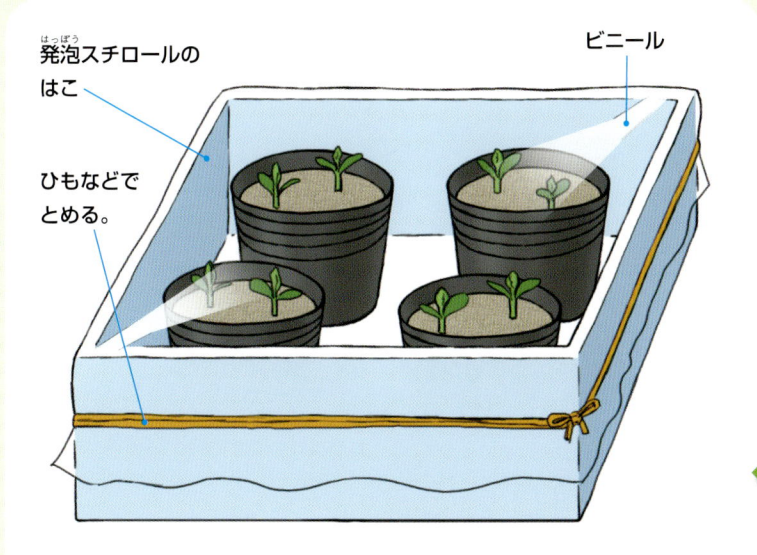

③たねをまいたポリポットを、発泡スチロールのはこに入れ、ビニールでおおいます。日あたりのよい室内の窓辺で育てましょう。昼間は25〜30℃、夜も20℃以上にたもてると、最適です。早いと4日ほどで芽が出ます。

④芽が出て初生葉がひらいたら、ビニールをはずします。初生葉につづき、本葉が2まいくらいひらいたら、元気な方をのこして、はさみで1本を切ります。

▲3まいめの本葉が出たなえ。そろそろ植えかえです。

みてみよう やってみよう
ゴーヤを育てよう❷ なえを植えかえよう

▲植えかえたあとのなえ。しばらくすると、巻きひげがのびてくるので、支柱を立て、ネットをはります。

▲育っていくゴーヤのなえ。巻きひげをネットにからませ、どんどんつるがのびていきます。

　3まいめの本葉がひらいたら、なえをポリポットからぬいて、植えかえます。なえで売っているものは、だいたいこれぐらいの大きさなので、同じ手順で植えかえできます。

　用意しておいた花だんやプランターに、なえを植えるときは、じゅうぶんにあいだをあけて植えましょう。花だんなら80センチメートル以上、プランターでも50センチメートル以上、あいだをあけましょう。

　ポリポットから土ごとなえをぬき、土をくずさないように、植えます。なえについている土と植える場所の土が平らになるくらいの深さに植え、なえの株元の土をかるくおさえましょう。

なえの植え方

花だんの土やプランターの土は、あらかじめ用意しておきましょう。たねを植えるときに、用意すると、ちょうどよいです。花だん・プランター用の培養土や野菜栽培用の土を入れ、苦土石灰をよくまぜて、なじませておきます。

土のつくり方

培養土など
苦土石灰
培養土に苦土石灰をよくまぜて、たがやす。

プランターへの植えかえ

長さ120cmのプランター
50cm
用意しておいた土
ごろ土

花だんへの植えかえ

80cm
用意しておいた土

育苗ポットからのぬき方

ポリポット

▲ なえを指ではさむようにして土をおさえ、ポリポットをさかさにして、なえをとりだします。

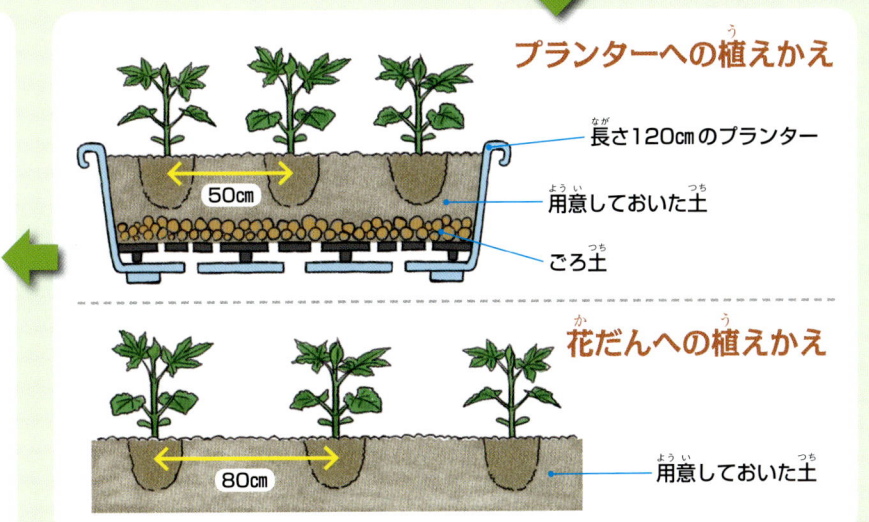

支柱の立て方（プランター）

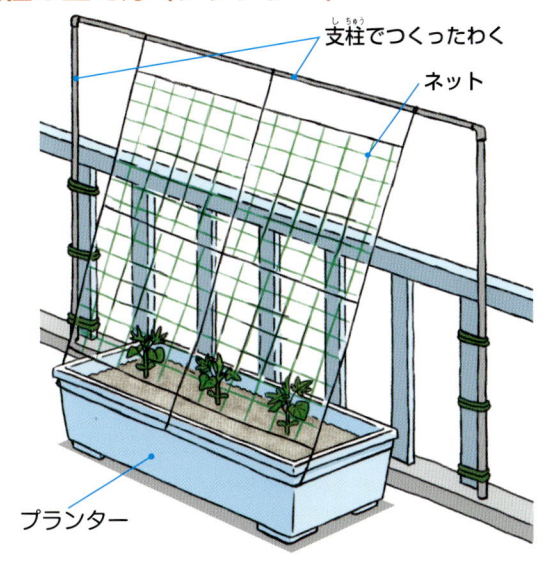

支柱でつくったわく
ネット
プランター

▲ 庭やベランダなどにプランターを置き、支柱を立ててわくをつくり、ネットをはります。

支柱の立て方（花だん）

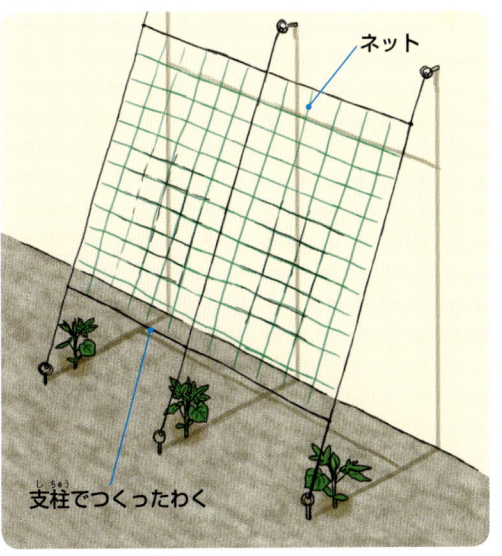

ネット
支柱でつくったわく

▲ 花だんに支柱を立ててわくをつくり、かべなどにしっかりと固定し、ネットをはります。

みてみよう やってみよう

ゴーヤを育てよう❸
大きく育てよう

　植えかえたゴーヤは、気温が高くなると、どんどん成長し、つるも枝分かれしていきます。でも、何もしないと、つるの数がふえ、葉がしげりすぎてしまい、実がなりにくくなります。

　大きく育て、実をならせるためには、きちんと手入れしてやらなければいけません。根もとからのびたつる（親づる）の先を切り、親づるから分かれる子づるを3本にし、そこからまた分かれる孫づるをふやしてやりましょう。花がさいても虫があまり来ないときは、人の手で雌花に花粉をつけてやる作業も必要になります。

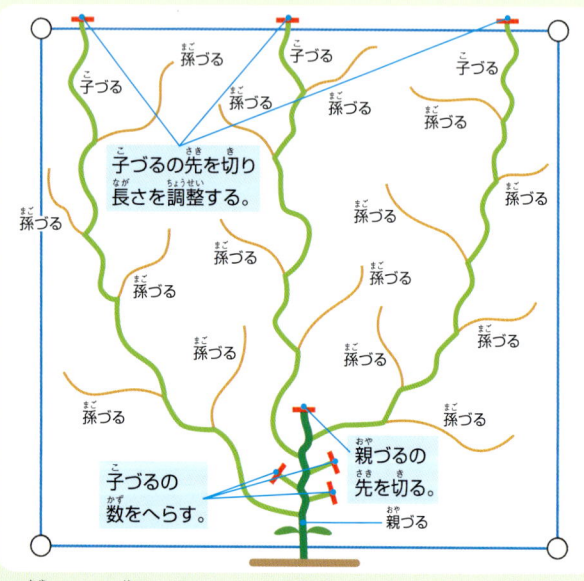

■ 葉をしげらせ、たくさんの花をさかせているゴーヤ。

▲ 親づるの葉が6まいくらいになったら、つるの先を切り、子づるを3本のばすようにしましょう。

▲ 虫があまり来ないときは、雄花をピンセットなどでつまみ、おしべの花粉をめしべの柱頭につけてやりましょう。

▲ 2階の屋根までのびたゴーヤ。根もとから5mくらいまでのびますが、つるの先を切って長さを調整しましょう。

▲ 葉の裏側からみたゴーヤ。葉がうすいので、裏側には明るい日かげができ、日よけのカーテンにもなります。

みてみよう やってみよう

ゴーヤを育てよう ④
実を収穫しよう

　めしべに花粉がついてから、2週間から3週間くらいで、ゴーヤの実は大きく育って、たべごろになります。かわの緑色がこくなり、いぼいぼが大きくなったらたべごろです。晴れた日の朝のうちに、収穫しましょう。

　これよりわかい実はにがすぎますし、実が黄色くなりはじめたら、もうあじが落ちてしまいます。実がそれほど大きくなっていない場合でも、まっていると黄色くなってしまうので、時期がきたら収穫しましょう。

△片手で実をつかんで、柄の部分をはさみで切って、収穫しましょう。いぼをきずつけないよう、注意しましょう。

△たべごろのゴーヤの実。収穫に適した時期が短いので、毎日チェックして、時期をのがさないようにしましょう。

🔺 収穫したゴーヤの実。じょうずに育てると、1株から30本から40本も実がとれます。

　収穫した実は、新聞紙でくるんですずしい場所におきます。みずみずしさがなくなりやすいので、できるだけ早めにたべましょう。

　すこし長持ちさせたいときは、実をたてに半分に切り、胎座とたねをとりのぞきます。これを新聞紙でくるんでポリぶくろなどに入れ、冷蔵庫で保存すれば、1週間くらいもちます。

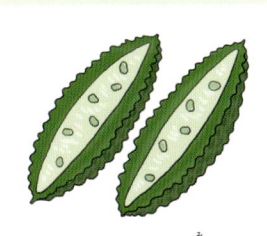

① ほうちょうで、実をたてに半分に切る。

② スプーンで、胎座とたねをとりのぞく。

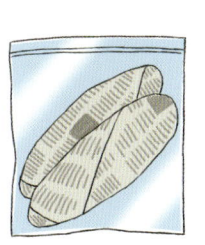

③ 新聞紙にくるんで、ポリぶくろなどに入れる。

④ 冷蔵庫の野菜室に入れて保存する。

みてみよう やってみよう

ゴーヤを育てよう❺　たねをとろう

　ゴーヤの実がたくさんなったら、たべごろのときにすべて収穫してしまわず、2本くらい、そのままにしておきましょう。じゅくした実から、たねをとることができます。収穫時期をのがして黄色くなりはじめた実を、たねとり用に育ててもよいでしょう。

　実が黄色くなりはじめたら、くだものを入れるあみぶくろをかけて、柄のところでむすんでおきましょう。実がじゅくして落ちたとき、確実にたねをとることができます。とれたたねはよく水であらってから、日かげでほし、保存しましょう。

▲すっかりじゅくしたゴーヤの実をたてに切ったもの。赤い種衣につつまれたたねが入っています。種衣の部分はあまいので、くだもののようにたべられます。

▲ 1本のゴーヤの実からとれたたね。実によってちがいますが、20〜40こくらいのたねがとれます。

▷ 水でよくあらって、種衣のかすなどをとりのぞき、水にうくたねもすてます。

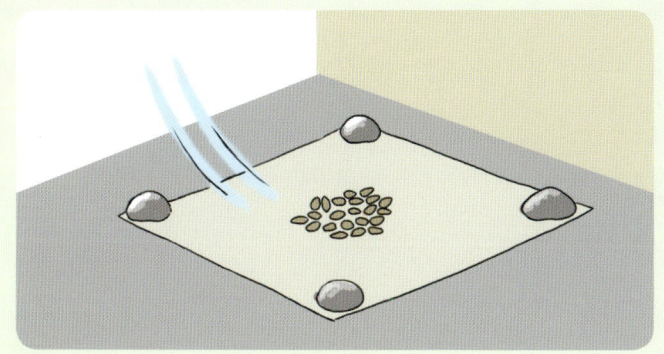

▲ のこったたねを、日かげでほします。

▷ 紙ぶくろにたねを入れ、ふたがぴったりしまる容器に、乾燥剤といっしょに入れます。冷蔵庫などで保存しましょう。

みてみよう やってみよう
ゴーヤをたべてみよう

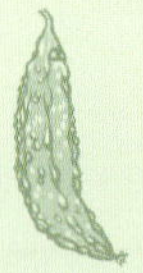

　ゴーヤは、ニガウリともよばれるように、にがい野菜です。でも、このにがみの成分は、食よくを高める効果や、胃を健康にする効果などがあります。そして、ニガウリにはビタミンCをはじめ、ミネラルなどの成分がたくさんふくまれていて、夏バテの予防や目のつかれをなおすなど、たべると体によい効果がいろいろとあるようです。

　そのままたべると、にがくておいしくないと感じる人が多いかもしれませんが、くふうして料理すれば、おいしくたべられます。ゴーヤを料理して、たべてみましょう。

ゴーヤチャンプルー

ゴーヤを使った沖縄の代表的な料理です。ニンニクや豚肉、卵などをくわえると、さらにおいしくたべられます。

材料（2人前）

ゴーヤ	中1本
豆腐（絹ごしまたは木綿）	1丁
ゴマ油（ほかの油でもよい）	大さじ2杯
粉末だし（またはかつお節）	少量
塩、コショウ	少々

❶ たて半分に切り、胎座やたねをとって、3〜4mmのあつさに切る。

❷ 油でいため、塩、コショウ、粉末だし（かつお節）であじつけする。

❸ 火がとおったら、豆腐を手でほぐして入れ、かるくいためる。

ゴーヤの肉づめ

ゴーヤを使った肉づめ料理です。とけるチーズを上にのせると、さらにおいしくたべられます。

材料（2人前）
- ゴーヤ　　　　　　　大1本（両はし使用）
- 牛豚合いびき肉　　　100ｇ
- タマネギ　　　　　　2分の1こ
- アンチョビペースト　少々
- 卵　　　　　　　　　2分の1こ
- バター　　　　　　　少々
- オリーブ油　　　　　大さじ2杯

❶ たて半分に切り、胎座やたねをとって、両はしを10㎝くらい切る。これを塩ゆでにする。

❷ タマネギをみじん切りにし、合いびき肉とあわせ、塩、コショウ、とき卵をくわえよくまぜる。

❸ 塩ゆでしたゴーヤに、バターとアンチョビペーストをぬる。その上に、②でつくったものをつめる。

❹ ③のものをフライパンにオリーブ油をしいてやく。または、アルミホイルにのせて、オーブントースターでやく。

ゴー奴たべるラー油ぞえ

ゴーヤを使った冷や奴です。塩ゆでしたゴーヤをうすく切って、豆腐にのせ、たべるラー油をかけるだけ。このみでしょう油をかけましょう。からくて、にがい、おとなのあじに、挑戦してみましょう。

材料（1人前）
- ゴーヤ　　　　　　　　　　　2～3㎝
- 豆腐（絹ごしまたは木綿）　　半丁
- たべるラー油　　　　　　　　大さじ1杯
- しょうゆ（好みで）　　　　　少々

ゴーヤとささ身のペペロンチーノ

イタリア風のゴーヤチャンプルー。ベーコンも入れると、さらにおいしいです。

材料（2人前）
- ゴーヤ　　　　中1本
- とり肉（ささ身）150ｇ
- ニンニク　　　2片
- 鷹の爪　　　　2片
- オリーブ油　　大さじ2杯
- 塩、コショウ　少々

❶ たて半分に切り、胎座やたねをとって、3㎜のあつさに切り、塩ゆでに。

❷ ニンニクと鷹の爪を、塩を少々くわえたオリーブ油でいためる。

❸ 細く切ったささ身と①のものをさっといため、塩とコショウであじつけ。

かがやくいのち図鑑
ウリのなかまの野菜

ゴーヤはウリのなかまです。日本ではほかにも、いろいろなウリのなかまの野菜を利用しています。

ゴーヤ（ツルレイシ）
インドや東南アジア原産の野菜です。おもに果肉をたべます。果肉にはにがみがあり、豆腐や豚肉などとよく合います。太いものや、細長いもの、いぼいぼがないもの、白いものなど、さまざまな種類があります。ニガウリともいいます。

ハヤトウリ
アメリカの熱帯地域が原産の野菜です。かわが白っぽいものと、緑色のものとがあります。実の中に大きなたねが1つあります。果肉の部分をいためたり、にたりしてたべるほか、つけものにもします。

トウガン
インドや東南アジア原産の野菜です。日本では、平安時代から栽培されています。果肉部分をにたり、むしたりしてたべるほか、しるものの具にもします。実は夏に収穫しますが、すずしい所で保存すると、つぎの年の春までもちます。

カボチャ
アメリカ大陸原産の野菜です。日本では、ニホンカボチャとセイヨウカボチャ、ペポカボチャの3種が栽培されています。果肉をにてたべたり、てんぷらやスープなどにします。

ズッキーニ
形がキュウリににていますが、ペポカボチャのなかの1つの品種です。花とわかい実をイタリア料理やフランス料理で使います。にたり、フライにするほか、サラダにもします。

キュウリ
インド北西部原産の野菜です。日本では、平安時代から栽培されています。実をサラダやつけもの、酢のものなどにしてたべます。

スイカ
アフリカ南部原産の果菜です。日本では、室町時代のおわりくらいから栽培されています。水分豊富であまい胎座の部分を、生でたべます。

シロウリ
インドや中国が原産の野菜です。日本ではキュウリよりも前から栽培されていました。メロンと同じ種ですが、じゅくしてもあまくなりません。いろいろな種類があり、実をつけものにします。左の写真のようにかわが白っぽいものをシロウリ、上の写真のようにかわが緑色っぽいものをアオウリとよんでいます。

さくいん

あ
- アオウリ —— 61
- アサガオ —— 11,19
- 維管束（いかんそく）—— 13,63
- ウリハムシ —— 29
- ウリミバエ —— 31
- 栄養分（えいようぶん）—— 6,10,11,12,35,63
- オオカマキリ —— 30
- おしべ —— 18,19,22,26,52,63
- 雄花（おばな）—— 16,17,18,19,20,21,22,27,34,52
- オンブバッタ —— 28

か
- 果肉（かにく）—— 38,41,42,43,44,45,60,61
- 花粉管（かふんかん）—— 34,63
- カボチャ —— 31,61
- キュウリ —— 31,61
- クロマツ —— 24
- 根毛（こんもう）—— 6,7,63

さ
- シオカラトンボ —— 30
- 師管（しかん）—— 12,13,63
- 種衣（しゅい）—— 38,42,43,44,45,56,57
- 主根（しゅこん）—— 6,7,63
- 受粉（じゅふん）—— 22,34,63
- 子葉（しよう）—— 8,63
- 初生葉（しょせいよう）—— 8,9,10,11,12,49,63
- シロウリ —— 61
- シロオビノメイガ —— 26
- スイカ —— 61
- スジグロシロチョウ —— 20,21
- ズッキーニ —— 61
- 側根（そっこん）—— 6,7,63

た
- 胎座（たいざ）—— 38,42,55,58,59,61
- たく葉（よう）—— 16,19
- ダンゴムシ —— 44,45
- 単性花（たんせいか）—— 19,22
- 柱頭（ちゅうとう）—— 19,22,34,52,63
- ツバキ —— 24,25
- つぼみ —— 16,17
- ツマグロオオヨコバイ —— 29
- つる —— 12,14,16,42,48,50,52,53
- でんぷん —— 10
- トウガン —— 60
- 道管（どうかん）—— 13,63

なは
- ニガウリ —— 4,58,60
- 根（ね）—— 6,8,10,13,29,63
- バイカモ —— 24,25
- 胚軸（はいじく）—— 8,63
- 胚珠（はいしゅ）—— 34,63
- ハスモンヨトウ —— 29
- ハナアブのなかま —— 27
- ハナバチのなかま —— 26
- ハヤトウリ —— 60
- ヒメアリのなかま —— 26
- ヒヨドリ —— 24,25
- ふた葉（ば）—— 8,9,10,11,12,63
- フタモンアシナガバチ —— 30
- ヘチマ —— 11,19
- ベッコウハゴロモ —— 29
- ホオズキカメムシ —— 29
- ホシヒメホウジャク —— 27
- ホソヒラタアブ —— 27
- 本葉（ほんば）—— 10,11,12,14,49,50,63

ま
- 巻きひげ（ま）—— 14,15,19,26,42,48,50
- マメコガネ —— 29
- マメハモグリバエ —— 28
- マルハナバチのなかま —— 27
- めしべ —— 18,19,22,23,34,52,54,63
- 雌花（めばな）—— 16,17,18,19,22,23,24,25,33,34,52

や
- やく —— 19
- ヤマトシジミ —— 22,23,27
- 養分（ようぶん）—— 6,13,63

らわ
- 両性花（りょうせいか）—— 19
- ワカバグモ —— 30

この本で使っていることばの意味

維管束 種子植物（花がさき、たねをつくってふえる植物）とシダ植物の体の中にある、水や養分、栄養分などをはこぶための管のたば。根から吸収された水や養分をはこぶ道管がある木部と、葉でつくられた栄養分や老廃物などをはこぶ師管がある師部が組み合わさり、できています。

受粉 種子植物のめしべの柱頭に、おしべのやくでつくられた花粉がつくこと。柱頭についた花粉は、花粉管をのばして、めしべの中にもぐりこんでいきます。そして、のびていく花粉管の中で精細胞という細胞ができ、先の方へ移動していきます。花粉管の先がめしべの胚珠という部分にある卵細胞にたどりつくと、受精（精細胞と卵細胞の核が合体すること）がおこり、たねがつくられはじめます。種子植物の花粉は、昆虫や鳥、風、水などによって、はこばれるしくみになっています。

子葉 種子植物のたねの中にすでにできている、最初の葉。ゴーヤをふくめ、ほとんどの双子葉植物の子葉は２まいあり、地上に出てひらくものはふた葉ともよばれます。トウモロコシなど単子葉植物では、子葉は１まいです。地上に出てひらいた子葉は、日光をあびて、根からすいあげた水と空気中からとり入れた二酸化炭素で、栄養分をつくりだします。これを光合成といいます。子葉が光合成でつくりだした栄養分は、つぎに出てくる葉（本葉）が成長し、ひらくために使われます。マメのなかまや、アブラナ、クリ、ゴーヤなどでは、ほかの植物にくらべて子葉が大きく、根や茎、葉が成長する栄養分を多くそなえています。これらの植物では、子葉はひらいても大きくならず、光合成をあまりしないか、地上に出ずに光合成をまったくおこなわないものもあります。そして、子葉のつぎに出てくる初生葉という葉が光合成をおこなって、そのつぎに本葉が出てきます。

初生葉 双子葉植物のうち、たねに胚乳がなく、かわりに大きな子葉に栄養分がたくわえられている植物がもつ、とくべつな形の葉。マメのなかまや、アブラナ、クリ、ゴーヤなどの植物がもっています。子葉がひらいたつぎにひらく葉で、２まいで対になっていて、上からみて子葉から90度回転した位置にひらきます。これらの植物では、子葉はほとんど光合成をおこなわず、初生葉がかわりに光合成をおこない、その栄養分でつぎに出てくる本葉が成長します。初生葉の形は本葉とはちがい、ふつうは葉のふちがあまり切れこまず、丸みのある形をしています。

根 種子植物とシダ植物がもつ基本的な器官の１つ。ふつうは地中にあり、地上にある植物の体をささえ、地中から水や養分をすいあげ、地上にある茎や葉などにおくるやくめをします。ゴーヤをはじめ双子葉植物では、太い主根があり、そこから側根が枝分かれしてのびます。これに対してイネやトウモロコシなどの単子葉植物では、同じような太さの細いひげ根がたくさんのびます。根には毛のように細い根毛がたくさんはえていて、ここから地中の水や養分をすいあげます。

胚軸 種子植物のたねの中にある、子葉とつながっている部分。子葉と逆側は、幼根とつながっています。たねが芽生えると、胚軸は上へのび、茎になります。これに対し幼根は下にのび、根になります。

NDC 479
亀田龍吉
科学のアルバム・かがやくいのち 8
ゴーヤ
ツルレイシの成長

あかね書房 2019
64P 29cm × 22cm

■監修　白岩 等
■写真　亀田龍吉
■文　大木邦彦（企画室トリトン）
■編集協力　企画室トリトン（大木邦彦・堤 雅子）
■写真協力　（株）アマナイメージズ
　　　p20-21　新開 孝
　　　p22,23　にがうり倶楽部（坂口昌秀）
　　　p24　平野隆久
　　　p25上　桜井淳史
　　　p25下　井田俊明
　　　p26上、p27上、右下　新開 孝
　　　p31 全点　湊 和雄
　　　p34 円内　湊 和雄
　　　p48　高橋 孜
　　　p55　奥田 實
　　　p57 全点　湊 和雄
　　　p60 右下　高橋 孜
　　　p61 左下　高橋 孜
　　　大木邦彦　p23 円内・p53 右下・p61 左上
■イラスト　小堀文彦
■デザイン　イシクラ事務所（石倉昌樹・隈部瑠依）
■撮影協力　神谷 重夫・湊 和雄
■参考文献　・安居拓恵（1997）. ニガウリ葉に含まれる摂食阻害物質の同定と鱗翅目昆虫の摂食阻害.（農林水産省蚕糸・昆虫農業技術研究所S）. 研究成果情報（蚕糸・昆虫機能）,1997.16-17
　　　・『そだててあそぼう51　ニガウリ（ゴーヤ）の絵本』（2003）, 藤枝國光・中山美鈴−編　土橋とし子−絵, 農山漁村文化協会.

科学のアルバム・かがやくいのち 8
ゴーヤ　ツルレイシの成長

2011年3月初版　2019年11月第4刷

著者　亀田龍吉
発行者　岡本光晴
発行所　株式会社 あかね書房
　　　〒101-0065　東京都千代田区西神田3−2−1
　　　03-3263-0641（営業）　03-3263-0644（編集）
　　　http://www.akaneshobo.co.jp
印刷所　株式会社 精興社
製本所　株式会社 難波製本

©amanaimages, Kunihiko Ohki. 2011 Printed in Japan
ISBN978-4-251-06708-1
定価は裏表紙に表示してあります。
落丁本・乱丁本はおとりかえいたします。